Краткий курс математического анализа над банаховой алгеброй

Александр Клейн

Aleks_Kleyn@MailAPS.org
http://AleksKleyn.dyndns-home.com:4080/
http://sites.google.com/site/AleksKleyn/
http://arxiv.org/a/kleyn_a_1
http://AleksKleyn.blogspot.com/

Аннотация. Рассмотренны основные конструкции математического анализа в банаховой D-алгебре: производная отображения, определённый и неопределённый интеграл.

Copyright © 2018 Александр Клейн

All rights reserved.

CreateSpace Independent Publishing Platform

ISBN: 1985668084

ISBN-13: 978-1985668089

Оглавление

1. Введение 4
2. Модуль над коммутативным кольцом 4
3. Линейное отображение D-модуля 7
4. Тензорнre произведение модулей над коммутативным кольцом . 10
5. Линейное отображение D-алгебры 11
6. Топологическая D-алгебра 14
7. Производная отображе́ний D-алгебры 16
8. Производная второго порядка отображения D-алгебры 20
9. Интеграл Лебега 22
10. Неопределённый интеграл 23
11. Интеграл Лебега и неопределённый интеграл 26
12. Прямая сумма модулей 26
13. Модуль над алгеброй 30
14. Линейное отображение A-модуля 34
15. Дифференцируемые отображения A-векторного пространства . 38

Список литературы 42

Предметный указатель 43

Специальные символы и обозначения 45

1. Введение

Я написал эту книгу для того, чтобы дать общее представление о математическом анализе в банаховой алгебре. Поэтому я рассмотрел основные определения и теоремы без доказательств.

В основе математического анализа лежит возможность линейного приближения к отображению, и основные построения математического анализа уходят корнями в линейную алгебру. Обратное утверждение может показаться парадоксом. Но когда в 2008 году я почувствовал, что не могу разгадать загадку линейного отображения в некоммутативной алгебре, я начал изучать некоммутативный математический анализ, где линейные отображения возникают естественным образом. Полученные результаты говорят о том, что это был единственно верный шаг.

Я постарался дать полную картину математического анализа над банаховой алгеброй как я вижу эту картину сегодня. Однако немало интересных утверждений осталось за рамками этой книги. Я только в начале этого пути. Если мне удалось заинтересовать тебя, мой читатель, то я зову тебя продолжить путешествие вместе со мной.

2. Модуль над коммутативным кольцом

ОПРЕДЕЛЕНИЕ 2.1. *Эффективное представление коммутативного кольца D в абелевой группе V*

$$(2.1) \qquad f : D \relbar\joinrel\twoheadrightarrow V \quad f(d) : v \to dv$$

называется **модулем над кольцом** D *или* **D-модулем**. *V-число называется* **вектором**. □

ТЕОРЕМА 2.2. *Следующая диаграмма представлений описывает D-модуль V*

$$(2.2) \qquad \begin{array}{c} D \xtwoheadrightarrow{g_2} V \\ \uparrow g_1 \\ Z \end{array}$$

В диаграмме представлений (2.2) *верна* **коммутативность представлений кольца целых чисел Z и коммутативного кольца D в абелевой группе V**

$$(2.3) \qquad a(nv) = n(av)$$

ТЕОРЕМА 2.3. *Пусть V является D-модулем. Для любого вектора $v \in V$, вектор, порождённый диаграммой представлений* (2.2), *имеет следующий вид*

$$(2.4) \qquad (a+n)v = av + nv \quad a \in D \quad n \in Z$$

2.3.1: *Множество отображений*

$$(2.5) \qquad a + n : v \in V \to (a+n)v \in V$$

порождает[1] кольцо $D_{(1)}$ где сложение определено равенством

(2.6) $$(a+n)+(b+m)=(a+b)+(n+m)$$

и произведение определено равенством

(2.7) $$(a+n)(b+m)=(ab+ma+nb)+(nm)$$

Кольцо $D_{(1)}$ называется **унитальным расширением** кольца D.

Если кольцо D имеет единицу, то	$Z \subseteq D$	$D_{(1)} = D$
Если кольцо D является идеалом Z, то	$D \subseteq Z$	$D_{(1)} = Z$
В противном случае		$D_{(1)} = D \oplus Z$

2.3.2: Кольцо D является идеалом кольца $D_{(1)}$.

2.3.3: Множество преобразований (2.4) порождает представление кольца $D_{(1)}$ в абелевой группе V.

Мы будем пользоваться обозначением $D_{(1)}v$ для множества векторов, порождённых вектором v. Элементы D-модуля V удовлетворяют соотношениям

- **закон ассоциативности**

(2.8) $$(pq)v = p(qv)$$

- **закон дистрибутивности**

(2.9) $$p(v+w) = pv + pw$$
(2.10) $$(p+q)v = pv + qv$$

- **закон унитарности**

(2.11) $$1v = v$$

для любых $p, q \in D_{(1)}$, $v, w \in V$.

Теорема 2.4. *Пусть V - D-модуль. Множество векторов, порождённое множеством векторов $v = (v_i \in V, i \in I)$, имеет вид*[2]

(2.12) $$J(v) = \left\{ w : w = \sum_{i \in I} c^i v_i, c^i \in D_{(1)}, |\{i : c^i \neq 0\}| < \infty \right\}$$

Определение 2.5. *Пусть $v = (v_i \in V, i \in I)$ - множество векторов. Выражение $w^i v_i$ называется **линейной комбинацией** векторов v_i. Вектор $\overline{w} = w^i v_i$ называется **линейно зависимым** от векторов v_i.* □

---

[1] Смотри определение унитального расширения также на страницах [4]-52, [5]-64.

[2] Для множества A, мы обозначим $|A|$ мощность множества A. Запись $|A| < \infty$ означает, что множество A конечно.

Представим множество $D_{(1)}$-чисел w^i, $i \in I$, в виде матрицы

$$w = \begin{pmatrix} w^1 \\ ... \\ w^n \end{pmatrix}$$

Представим множество векторов v_i, $i \in I$, в виде матрицы

$$v = \begin{pmatrix} v_1 & ... & v_n \end{pmatrix}$$

Тогда мы можем записать линейную комбинацию векторов $\overline{w} = w^i v_i$ в виде

$$\overline{w} = w^*{}_* v$$

Очевидно, что для любого множества векторов v_i,

$$w^i = 0 \Rightarrow w^*{}_* v = 0$$

Определение 2.6. *Множество векторов*[3] v_i, $i \in I$, *D-модуля V* **линейно независимо**, *если $w = 0$ следует из уравнения*

$$w^i v_i = 0$$

В противном случае, множество векторов v_i, $i \in I$, **линейно зависимо**. □

Определение 2.7. *$J(v)$ называется* **подмодулем, порождённым множеством** *v, а v -* **множеством образующих** *подмодуля $J(v)$. В частности,* **множеством образующих** *D-модуля V будет такое подмножество $X \subset V$, что $J(X) = V$.* □

Определение 2.8. *Если множество $X \subset V$ является множеством образующих D-модуля V, то любое множество Y, $X \subset Y \subset V$ также является множеством образующих D-модуля V. Если существует минимальное множество X, порождающее D-модуль V, то такое множество X называется* **базисом** *D-модуля V.* □

Теорема 2.9. *Множество векторов $\overline{\overline{e}} = (e_i, i \in I)$ является базисом D-модуля V, если верны следующие утверждения.*

2.9.1: *Произвольный вектор $v \in V$ является линейной комбинацией векторов множества $\overline{\overline{e}}$.*

2.9.2: *Вектор e_i нельзя представить в виде линейной комбинации остальных векторов множества $\overline{\overline{e}}$.*

Определение 2.10. *Пусть $\overline{\overline{e}}$ - базис D-модуля V, и вектор $\overline{v} \in V$ имеет разложение*

$$\overline{v} = v^*{}_* e = v^i e_i$$

---

[3] Я следую определению в [1], страница 100.

относительно базиса $\overline{\overline{e}}$. $D_{(1)}$-числа v^i называются **координатами** *вектора $\overline{v}$ относительно базиса $\overline{\overline{e}}$. Матрица $D_{(1)}$-чисел $v = (v^i, i \in I)$ называется* **координатной матрицей вектора** $\overline{v}$ *в базисе $\overline{\overline{e}}$.* □

Теорема 2.11. *Пусть D - кольцо. Пусть $\overline{\overline{e}}$ - базис D-модуля V. Пусть*

(2.13) $$w^i e_i = 0$$

линейная зависимость векторов базиса $\overline{\overline{e}}$. Тогда

2.11.1: $D_{(1)}$-*число w^i, $i \in I$, не имеет обратного элемента в кольце $D_{(1)}$.*
2.11.2: *Множество D' матриц $w = (w^i, i \in I)$ порождает D-модуль.*

Теорема 2.12. *Пусть D-модуль V имеет базис $\overline{\overline{e}}$ такой, что в равенстве*

(2.14) $$w^i e_i = 0$$

существует индекс $i = j$ такой, что $w^j \neq 0$. Тогда

2.12.1: *Матрица $w = (w^i, i \in I)$ определяет координаты вектора $0 \in V$ относительно базиса $\overline{\overline{e}}$.*
2.12.2: *Координаты вектора $\overline{v}$ относительно базиса $\overline{\overline{e}}$ определены однозначно с точностью до выбора координат вектора $0 \in V$.*

Определение 2.13. D-*модуль V -* **свободный** D-*модуль*,[4] *если D-модуль V имеет базис и векторы базиса линейно независимы.* □

Теорема 2.14. *Координаты вектора $v \in V$ относительно базиса $\overline{\overline{e}}$ свободного D-модуля V определены однозначно.*

3. Линейное отображение D-модуля

Определение 3.1. *Морфизм представлений*

$$\left(h : D_1 \to D_2 \quad f : V_1 \to V_2 \right)$$

D_1-*модуля A_1 в D_2-модуль A_2 называется* **линейным отображением** D_1-*модуля A_1 в D_2-модуль A_2. Обозначим $\mathcal{L}(D_1 \to D_2; A_1 \to A_2)$ множество линейных отображений D_1-модуля A_1 в D_2-модуль A_2.* □

Если отображение

$$f : A_1 \to A_2$$

является линейным отображением D_1-алгебры A_1 в D_2-алгебру A_2, то я пользуюсь обозначением

$$f \circ a = f(a)$$

для образа отображения f.

---

[4] Я следую определению в [1], страница 103.

Теорема 3.2. *Линейное отображение*
$$\left(h:D_1\to D_2\quad f:A_1\to A_2\right)$$
D_1-*модуля* A_1 *в* D_2-*модуль* A_2 *удовлетворяет равенствам*[5]

(3.1) $$h(d_1+d_2)=h(d_1)+h(d_2)$$

(3.2) $$h(d_1 d_2)=h(d_1)h(d_2)$$

(3.3) $$f\circ(a+b)=f\circ a+f\circ b$$

(3.4) $$f\circ(da)=h(d)(f\circ a)$$

$$a,b\in A_1\quad d,d_1,d_2\in D_1$$

Теорема 3.3. *Пусть*
$$\overline{\overline{e}}_{A_1}=(e_{A_1\cdot i}, i\in I)$$
базис в свободном D_1-*модуле* A_1. *Пусть*
$$\overline{\overline{e}}_{A_2}=(e_{A_2\cdot j}, j\in J)$$
базис в свободном D_2-*модуле* A_2. *Тогда линейное отображение*
$$\left(h:D_1\to D_2\quad \overline{f}:A_1\to A_2\right)$$
имеет представление

(3.5) $$b=(h\circ a)^*{}_* f$$

относительно заданных базисов. Здесь

- a - *координатная матрица* A_1-*числа* $\overline{a}$ *относительно базиса* $\overline{\overline{e}}_{A_1}$

(3.6) $$\overline{a}=a^*{}_* e_{A_1}$$

- $h\circ a=(h\circ a_i, i\in I)$ - *матрица* D_2-*чисел.*
- b - *координатная матрица вектора*

(3.7) $$\overline{b}=\overline{f}\circ\overline{a}$$

относительно базиса $\overline{\overline{e}}_{A_2}$

(3.8) $$\overline{b}=b^*{}_* e_{A_2}$$

- f - *координатная матрица множества векторов* $(\overline{f}\circ e_{A_1\cdot i}, i\in I)$ *относительно базиса* $\overline{\overline{e}}_{A_2}$. *Мы будем называть матрицу* f **матрицей линейного отображения** $\overline{f}$ *относительно базисов* $\overline{\overline{e}}_{A_1}$ *и* $\overline{\overline{e}}_{A_2}$.

---

[5] В некоторых книгах (например, на странице [1]-94) теорема 3.2 рассматривается как определение.

3. Линейное отображение D-модуля

ОПРЕДЕЛЕНИЕ 3.4. *Приведенный морфизм представлений*
$$f : A_1 \to A_2$$
D-модуля A_1 в D-модуль A_2 называется **линейным отображением** *вого D-модуля A_1 в вый D-модуль A_2.*

Обозначим $\mathcal{L}(D; A_1 \to A_2)$ *множество линейных отображений вого D-модуля A_1 в вый D-модуль A_2.* □

ТЕОРЕМА 3.5. *Линейное отображение*
$$f : A_1 \to A_2$$
D-модуля A_1 в D-модуль A_2 удовлетворяет равенствам[6]

(3.9) $$f \circ (a + b) = f \circ a + f \circ b$$

(3.10) $$f \circ (da) = d(f \circ a)$$

$$a, b \in A_1 \quad d \in D$$

ТЕОРЕМА 3.6. *Пусть*
$$\overline{\overline{e}}_{V_1} = (e_{V_1 \cdot i}, i \in I)$$
базис в свободном A-модуле V_1. Пусть
$$\overline{\overline{e}}_{V_2} = (e_{V_2 \cdot j}, j \in J)$$
базис в свободном A-модуле V_2. Тогда линейное отображение
$$\overline{f} : V_1 \to V_2$$
имеет представление

(3.11) $$b = a^*{}_* f$$

относительно заданных базисов. Здесь

- *a - координатная матрица V_1-числа $\overline{a}$ относительно базиса $\overline{\overline{e}}_{V_1}$*

(3.12) $$\overline{a} = a^*{}_* e_{V_1}$$

- *b - координатная матрица вектора*

(3.13) $$\overline{b} = \overline{f} \circ \overline{a}$$

относительно базиса $\overline{\overline{e}}_{V_2}$

(3.14) $$\overline{b} = b^*{}_* e_{V_2}$$

- *f - координатная матрица множества векторов $(\overline{f} \circ e_{V_1 \cdot i}, i \in I)$ относительно базиса $\overline{\overline{e}}_{V_2}$. Мы будем называть матрицу f* **матрицей линейного отображения** *$\overline{f}$ относительно базисов $\overline{\overline{e}}_{V_1}$ и $\overline{\overline{e}}_{V_2}$.*

---

[6] В некоторых книгах (например, на странице [1]-94) теорема 3.5 рассматривается как определение.

4. Тензорнпе произведение модулей над коммутативным кольцом

Определение 4.1. *Пусть $\mathcal{A}$ - категория. Пусть $\{B_i, i \in I\}$ - множество объектов из $\mathcal{A}$. Объект*

$$P = \prod_{i \in I} B_i$$

и множество морфизмов

$$\{f_i : P \to B_i, i \in I\}$$

называется **произведением множества объектов** $\{B_i, i \in I\}$ **в категории** $\mathcal{A}$[7], *если для любого объекта R и множество морфизмов*

$$\{g_i : R \to B_i, i \in I\}$$

существует единственный морфизм

$$h : R \to P$$

такой, что диаграмма

$$P \xrightarrow{f_i} B_i \qquad f_i \circ h = g_i$$
$$h \uparrow \nearrow g_i$$
$$R$$

коммутативна для всех $i \in I$.

Если $|I| = n$, то для произведения множества объектов $\{B_i, i \in I\}$ в $\mathcal{A}$ мы так же будем пользоваться записью

$$P = \prod_{i=1}^{n} B_i = B_1 \times ... \times B_n$$

□

Пример 4.2. *Пусть $\mathcal{S}$ - категория множеств.*[8] *Согласно определению 4.1, декартово произведение*

$$A = \prod_{i \in I} A_i$$

семейства множеств $(A_i, i \in I)$ и семейство проекций на i-й множитель

$$p_i : A \to A_i$$

являются произведением в категории $\mathcal{S}$.

□

Если A является модулем над коммутативным кольцом D, то я также говорю, что A является D-модулем.

---

[7] Определение дано согласно [1], страница 45.

[8] Смотри также пример в [1], страница 45.

Теорема 4.3. *Пусть $\mathcal{M}$ - категория модулей над коммутативным кольцом D, морфизмами которой являются линейные отображения. Произведение в категории $\mathcal{M}$ существует и называется* **тензорным произведением**.

Доказательство. Теорема является следствием теоремы [7]-3.3.5. Смотри также определение в [1], с. 456 - 458. $\square$

Мы обозначим $A_1 \otimes ... \otimes A_n$ тензорное произведение D-модулей A_1, ..., A_n. Произвольный тензор $a \in A_1 \otimes ... \otimes A_n$ является суммой тензоров вида $a_{s1} \otimes ... \otimes a_{sn}$, $a_{si} \in A_i$.

5. Линейное отображение D-алгебры

Этот раздел написан на основе главы [7]-6.

Определение 5.1. *Пусть D - коммутативное кольцо. D-модуль A называется* **алгеброй над кольцом D** *или* **D-алгеброй**, *если определена операция произведения*[9] *в A*

$$(5.1) \qquad v\,w = C \circ (v, w)$$

где C - билинейное отображение

$$C : A \times A \to A$$

Если A является свободным D-модулем, то A называется **свободной алгеброй над кольцом D**. $\square$

Определение 5.2. *Пусть A_1 и A_2 - алгебры над коммутативным кольцом D. Линейное отображение D-модуля A_1 в D-модуль A_2 называется* **линейным отображением** *D-алгебры A_1 в D-алгебру A_2.*

Обозначим $\mathcal{L}(D; A_1 \to A_2)$ множество линейных отображений D-алгебры A_1 в D-алгебру A_2. $\square$

Мы можем записать отображение

$$f(x) = a x b$$

в виде

$$(5.2) \qquad f \circ x = (a \otimes b) \circ x$$

Запись (5.2) подобна записи линейного отображения

$$f(x) = a x$$

которой мы пользуемся в коммутативной алгебре.

---

[9] Я следую определению, приведенному в [11], страница 1, [9], страница 4. Утверждение, верное для произвольного D-модуля, верно также для D-алгебры.

ТЕОРЕМА 5.3. *Пусть отображение*
$$f : A_1 \to A_2$$
является линейным отображением D-алгебры A_1 в D-алгебру A_2. Тогда отображения $a \circ f$, $b \star f$, $a, b \in A_2$, определённые равенствами
$$(a \circ f) \circ x = a(f \circ x)$$
$$(b \star f) \circ x = (f \circ x)b$$
также являются линейными.

ТЕОРЕМА 5.4. *Для заданного отображения $f \in \mathcal{L}(D; A_1 \to A_2)$ D-алгебры A_1 в D-алгебру A_2 существует линейное отображение*
$$h : A_2 \otimes A_2 \to \mathcal{L}(D; A_1 \to A_2)$$
определённое равенством

(5.3)
$$(a \otimes b) \circ f = b \star (a \circ f)$$
$$((a \otimes b) \circ f) \circ x = a(f \circ x)b$$

ТЕОРЕМА 5.5. *Пусть A является D-алгеброй. Пусть произведение в алгебре $A \otimes A$ определено согласно правилу*
$$(p_0 \otimes p_1) \circ (q_0 \otimes q_1) = (p_0 q_0) \otimes (q_1 p_1)$$
Представление

(5.4)
$$h : A \otimes A \twoheadrightarrow \mathcal{L}(D; A \to A) \quad h(p) : f \to p \circ f$$

D-алгебры $A \otimes A$ в модуле $\mathcal{L}(D; A \to A)$, определённое равенством
$$(a \otimes b) \circ f = afb \quad a, b \in A \quad f \in \mathcal{L}(D; A \to A)$$
позволяет отождествить тензор $d \in A \otimes A$ с линейным отображением $d \circ \delta \in \mathcal{L}(D; A \to A)$, где $\delta \in \mathcal{L}(D; A \to A)$ - тождественное отображение. Линейное отображение $(a \otimes b) \circ \delta$ имеет вид

(5.5)
$$(a \otimes b) \circ c = acb$$

Модуль $\mathcal{L}(D; A \to A)$ может быть порождён одним отображением (как в случае поля действительных чисел или алгебры кватернионов), но может быть порождён двумя (как в случае поля комплексных чисел) или большим числом отображений.

Это хорошо известный пример линейного отображения алгебры кватернионов

(5.6)
$$\overline{x} = -\frac{1}{2}(1 \otimes 1 + i \otimes i + j \otimes j + k \otimes k) \circ x$$
$$= -\frac{1}{2}(x + ixi + jxj + kxk)$$

5. Линейное отображение D-алгебры

Теорема 5.6. *Пусть A - конечно мерная ассоциативная D-алгебра. Пусть $\overline{\overline{e}}$ - базис D-модуля A. Пусть $\overline{\overline{F}}$ - базис[10] левого $A \otimes A$-модуля $\mathcal{L}(D; A \to A)$.*

5.6.1: Линейное отображение
$$f : A \to A$$
имеет следующее разложение
(5.7)
$$f = f^k \circ F_k$$
где
(5.8)
$$f^k = f^k_{s_k \cdot 0} \otimes f^k_{s_k \cdot 1} \quad f^k \in A \otimes A$$

5.6.2: Линейное отображение f имеет стандартное представление
(5.9)
$$f = f^{k \cdot ij}(e_i \otimes e_j) \circ F_k = f^{k \cdot ij} e_i F_k e_j$$

Определение 5.7. *Выражение $f^k_{s_k \cdot p}$, $p = 0, 1$, в равенстве (5.8) называется* **компонентой линейного отображения** *f. Выражение $f^{k \cdot ij}$ в равенстве (5.9) называется* **стандартной компонентой линейного отображения** *f.* □

В равенстве (5.8), я подразумеваю сумму по индексу s_k.

Теорема 5.8. *Пусть A - D-модуль, $n = \dim A$. Пусть B - ассоциативная D-алгебра, $m = \dim B$. Пусть $\overline{\overline{F}}$ - базис левого $B \otimes B$-модуля $\mathcal{L}(D; B \to B)$. Пусть $n \le m$. Пусть*
$$G : A \to B$$
линейное отображение максимального ранга. Множество
(5.10)
$$\overline{\overline{F}} \circ G = \{F_k \circ G : F_k \in \overline{\overline{F}}\}$$
порождает левый $B \otimes B$-модуль[11] $\mathcal{L}(D; A \to B)$.

Теорема 5.9. *Пусть $n = \dim A$, $m = \dim B$. Пусть $\overline{\overline{F}}$ - базис левого $B \otimes B$-модуля $\mathcal{L}(D; B \to B)$. Пусть $n > m$. Пусть*
$$G : A \to B$$
линейное отображение максимального ранга. Множество
$$\overline{\overline{F}} \circ G = \{F_k \circ G : F_k \in \overline{\overline{F}}\}$$

---

[10] Если D-модуль A не является свободным D-модулем, то мы будем рассматривать множество
$$\overline{\overline{F}} = \{F_k \in \mathcal{L}(D; A_1 \to A_2) : k = 1, ..., n\}$$
линейно независимых линейных отображений. Теорема верна для любого линейного отображения
$$f : A \to A$$
порождённого множеством линейных отображений $\overline{\overline{F}}$.

[11] Я не утверждаю, что это множество является базисом, так как отображения $F_i \circ G$, $i \in I$, могут быть линейно зависимыми.

порождает множество отображений

(5.11) $$\{g \in \mathcal{L}(D; A \to B) : \ker G \subseteq \ker g\}$$

Теорема 5.10. *Пусть $\overline{\overline{e}}_1$ - базис конечно мерного D-модуля A_1. Пусть $\overline{\overline{e}}_2$ - базис конечно мерной ассоциативной D-алгебры A_2. Пусть $f \in \mathcal{L}(D; A_1 \to A_2)$. Пусть C_{kl}^p - структурные константы алгебры A_2. Пусть $\overline{\overline{\overline{F}}}$ - базис левого $A_2 \otimes A_2$-модуля $\mathcal{L}(D; A_2 \to A_2)$ и $F_{k \cdot i}^{\ \ j}$ - координаты отображения F_k относительно базиса $\overline{\overline{e}}_2$. Пусть*

$$G : A \to B$$

линейное отображение максимального ранга такое, что $\ker G \subseteq \ker f$ и G_i^j - координаты отображения G относительно базисов $\overline{\overline{e}}_1$ и $\overline{\overline{e}}_2$. Координаты f_l^k отображения f и его стандартные компоненты $f^{k \cdot ij}$ связаны равенством

(5.12) $$f_l^k = f^{k \cdot ij} F_{k \cdot r}^{\ \ m} G_l^r C_{im}^p C_{pj}^k$$

Доказательство. Из теоремы 5.9, следует, что выбор отображения G зависит от отображения g. □

6. Топологическая D-алгебра

Определение 6.1. *Пусть D - нормированное коммутативное кольцо.*[12] **Норма в D-модуле** A - *это отображение*

$$a \in A \to \|a\| \in R$$

такое, что

- 6.1.1: $\|a\| \geq 0$
- 6.1.2: $\|a\| = 0$ *равносильно* $a = 0$
- 6.1.3: $\|a + b\| \leq \|a\| + \|b\|$
- 6.1.4: $\|da\| = |d| \|a\|, d \in D, a \in A$

D-модуль A, наделённый структурой, определяемой заданием на A нормы, называется **нормированным D-модулем**. □

Определение 6.2. *Пусть A - нормированный D-модуль. A-число a называется* **пределом последовательности** $\{a_n\}, a_n \in A$,

$$a = \lim_{n \to \infty} a_n$$

если для любого $\epsilon \in R, \epsilon > 0$, существует, зависящее от ϵ, натуральное число n_0 такое, что $\|a_n - a\| < \epsilon$ для любого $n > n_0$. Мы будем также говорить, что **последовательность a_n сходится** *к a.* □

Определение 6.3. *Пусть A - нормированный D-модуль. Последовательность $\{a_n\}, a_n \in A$, называется* **фундаментальной** *или* **последовательностью Коши**, *если для любого $\epsilon \in R, \epsilon > 0$, существует, зависящее от ϵ, натуральное число n_0 такое, что $\|a_p - a_q\| < \epsilon$ для любых $p, q > n_0$.* □

---

[12]Определение дано согласно определению из [10], гл. IX, §3, п°3. Для нормы мы пользуемся обозначением $|a|$ или $\|a\|$.

ОПРЕДЕЛЕНИЕ 6.4. *Нормированный D-модуль A называется* **банаховым D-модулем** *если любая фундаментальная последовательность элементов модуля A сходится, т. е. имеет предел в модуле A.* □

ТЕОРЕМА 6.5. *Пусть A - банаховый D-модуль с нормой $|x|_A$. Пусть B - банаховый D-модуль с нормой $|y|_B$.*

6.5.1: *Множество B^A отображений*
$$f : A \to B$$
является D-модулем.

6.5.2: *Отображение*
$$f \in B^A \to \|f\| \in R$$
определённое равенством

(6.1) $$\|f\| = sup \frac{\|f(x)\|_B}{\|x\|_A}$$

является нормой в D-модуле B^A и величина $\|f\|$ называется **нормой отображения** *f.*

ОПРЕДЕЛЕНИЕ 6.6. *Пусть A - банаховый D-модуль с нормой $\|x\|_A$. Пусть B - банаховый D-модуль с нормой $\|x\|_B$. Для отображения*
$$f : A^n \to B$$
величина

(6.2) $$\|f\| = sup \frac{\|f(a_1, ..., a_n)\|_B}{\|a_1\|_A ... \|a_n\|_A}$$

называется **нормой отображения** *f.* □

ТЕОРЕМА 6.7. *Для отображения*
$$f : A^n \to B$$
банахового D-модуля A с нормой $\|x\|_A$ в банаховый D-модуль B с нормой $\|x\|_B$

(6.3) $$\|f(a_1, ..., a_n)\|_B \leq \|f\| \|a_1\|_A ... \|a_n\|_A$$

ОПРЕДЕЛЕНИЕ 6.8. *Нормы*[13] *$\|x\|_1$, $\|x\|_2$, определённые на D-модуле A, называются* **эквивалентными**, *если утверждение*
$$a = \lim_{n \to \infty} a_n$$
не зависит от выбранной нормы. □

---

[13] Смотри также определение [2]-12.35.а на странице 53.

Теорема 6.9. *Пусть A - D-алгебра. Если в D-модуле A определена норма $\|x\|_1$ такая, что норма $\|*\|_1$ произведения в D-алгебре A отлична от 1, то в D-модуле A существует эквивалентная норма*

$$\|x\|_2 = \|*\|_1 \|x\|_1 \tag{6.4}$$

такая, что

$$\|*\|_2 = 1 \tag{6.5}$$

Определение 6.10. *Пусть D - нормированное коммутативное кольцо. Пусть A - D-алгебра. Норма*[14] $\|a\|$ *в D-модуле A такая, что*[15]

$$\|ab\| \le \|a\|\|b\| \tag{6.6}$$

называется **нормой в D-алгебре** A. *D-алгебра A, наделённая структурой, определяемой заданием на A нормы, называется* **нормированной D-алгеброй**. □

Определение 6.11. *Нормированная D-алгебра A называется* **банаховой D-алгеброй** *если любая фундаментальная последовательность элементов алгебры A сходится, т. е. имеет предел в алгебре A.* □

7. Производная отображений D-алгебры

Этот раздел написан на основе раздела [6]-3.3.

Определение 7.1. *Пусть A - банаховый D-модуль с нормой $\|a\|_A$. Пусть B - банаховый D-модуль с нормой $\|a\|_B$. Отображение*

$$f : A \to B$$

называется **дифференцируемым** *на множестве $U \subset A$, если в каждой точке $x \in U$ изменение отображения f может быть представлено в виде*

$$f(x+h) - f(x) = d_x f(x) \circ h + o(h) = \frac{df(x)}{dx} \circ h + o(h) \tag{7.1}$$

где

$$\frac{df(x)}{dx} : A \to B$$

линейное отображение D-модуля A в D-модуль B и

$$o : A \to B$$

---

[14] Определение дано согласно определению из [10], гл. IX, §3, п°3. Если D-алгебра A является алгеброй с делением, то норма называется **абсолютной величиной** и мы пользуемся записью $|a|$ для нормы A-числа a. Смотри определение из [10], гл. IX, §3, п°2.

[15] Неравенство (6.6) является следствием теоремы 6.9. В противном случае мы должны были бы писать

$$\|ab\| \le \|*\|\|a\|\|b\|$$

такое непрерывное отображение, что
$$\lim_{a \to 0} \frac{\|o(a)\|_B}{\|a\|_A} = 0$$
Линейное отображение $\dfrac{df(x)}{dx}$ называется **производной отображения** f.
□

Замечание 7.2. *Согласно определению 7.1 при заданном x, производная*
$$\frac{df(x)}{dx} \in \mathcal{L}(D; A \to B)$$
Следовательно, производная отображения f является дифференциальной B-значной 1-формой
$$\frac{df}{dx} : x \in A \to \frac{df(x)}{dx} \in \mathcal{L}(D; A \to B)$$
□

Замечание 7.3. *В математическом анализе, отображение*
$$dx = \delta \in \mathcal{L}(D; A \to A)$$
называется **дифференциалом независимой переменной**. *Дифференциальная B-значная 1-форма*
$$\frac{df}{dx} : x \in A \to \frac{df(x)}{dx} \in \mathcal{L}(D; A \to B)$$
записанная в виде

(7.2) $$df = \frac{df(x)}{dx} \circ dx$$

называется **дифференциалом отображения** f. *Впрочем равенство (7.2) имеет другую интерпретацию. А именно, мы рассматриваем приращение df отображения f как функцию (7.2) приращения dx независимой переменной.*
□

Теорема 7.4. *Пусть A - свободный банаховый D-модуль. Пусть B - свободная банаховая D-алгебра. Пусть $\overline{\overline{F}}$ - базис левого $B \otimes B$-модуля $\mathcal{L}(D; B \to B)$ и*
$$G : A \to B$$
линейное отображение максимального ранга такое, что $\ker G \subseteq \ker \dfrac{df}{dx}$. Мы можем представить производную отображения
$$f : A \to B$$
в виде

(7.3) $$\frac{df(x)}{dx} = \frac{d^k f(x)}{dx} \circ F_k \circ G$$

ОПРЕДЕЛЕНИЕ 7.5. *Выражение*

$$\frac{d^k f(x)}{dx} = \frac{d^k_{s_k \cdot 0} f(x)}{dx} \otimes \frac{d^k_{s_k \cdot 1} f(x)}{dx} \in B \otimes B$$

называется **координатами** *производной* $\dfrac{df(x)}{dx}$ *относительно базиса* $\overline{\overline{F}}$. *Выражение* $\dfrac{d^k_{s_k \cdot p} f(x)}{dx}$, $p = 0, 1$, *называется* **компонентой производной** *отображения* $f(x)$. □

ТЕОРЕМА 7.6. *Пусть D - полное коммутативное кольцо характеристики 0. Пусть A - ассоциативная банаховая D-алгебра. Тогда*[16]

(7.4) $$\frac{dx^2}{dx} = x \otimes 1 + 1 \otimes x$$

(7.5) $$dx^2 = x\,dx + dx\,x$$

(7.6) $$\begin{cases} \dfrac{d_{1 \cdot 0} x^2}{dx} = x & \dfrac{d_{1 \cdot 1} x^2}{dx} = 1 \\ \dfrac{d_{2 \cdot 0} x^2}{dx} = 1 & \dfrac{d_{2 \cdot 1} x^2}{dx} = x \end{cases}$$

ДОКАЗАТЕЛЬСТВО. Рассмотрим приращение функции $f(x) = x^2$.

(7.7) $$f(x+h) - f(x) = (x+h)^2 - x^2 = xh + hx + h^2 = xh + hx + o(h)$$

Равенство (7.5) является следствием равенства (7.7) и определения 7.1. □

ТЕОРЕМА 7.7. *Пусть A - банаховый D-модуль. Пусть B - банаховая D-алгебра. Пусть f, g - дифференцируемые отображения*

$$f : A \to B \quad g : A \to B$$

Отображение

$$f + g : A \to B$$

дифференцируемо и производная удовлетворяет соотношению

(7.8) $$\frac{d(f+g)}{dx} = \frac{df}{dx} + \frac{dg}{dx}$$

---

[16] Утверждение теоремы аналогично примеру VIII, [12], с. 451. Если произведение коммутативно, то равенство (7.4) принимает вид

$$dx^2 \circ dx = 2x\,dx$$
$$\frac{dx^2}{dx} = 2x$$

7. Производная отображений D-алгебры

Теорема 7.8. *Пусть A - банаховый D-модуль. Пусть B_1, B_2, B - банаховые D-алгебры. Пусть*
$$h : B_1 \times B_2 \to B$$
непрерывное билинейное отображение. Пусть f, g - дифференцируемые отображения
$$f : A \to B_1 \quad g : A \to B_2$$
Отображение
$$h(f, g) : A \to B$$
дифференцируемо и производная удовлетворяет соотношению

(7.9) $\quad \dfrac{dh(f(x), g(x))}{dx} \circ a = h\left(\dfrac{df(x)}{dx} \circ dx, g(x)\right) + h\left(f(x), \dfrac{dg(x)}{dx} \circ dx\right)$

(7.10) $\quad \dfrac{d\, h(f(x), g(x))}{dx} = h\left(\dfrac{df(x)}{dx}, g(x)\right) + h\left(f(x), \dfrac{dg(x)}{dx}\right)$

Теорема 7.9. *Пусть A - банаховый D-модуль. Пусть B - банаховая D-алгебра. Пусть f, g - дифференцируемые отображения*
$$f : A \to B \quad g : A \to B$$
Производная удовлетворяет соотношению
$$\dfrac{df(x)g(x)}{dx} \circ dx = \left(\dfrac{df(x)}{dx} \circ dx\right) g(x) + f(x) \left(\dfrac{dg(x)}{dx} \circ dx\right)$$

(7.11) $\quad \dfrac{df(x)g(x)}{dx} = \dfrac{df(x)}{dx} g(x) + f(x) \dfrac{dg(x)}{dx}$

Теорема 7.10. *Пусть A - банаховый D-модуль. Пусть B, C - банаховые D-алгебры. Пусть f, g - дифференцируемые отображения*
$$f : A \to B \quad g : A \to C$$
Производная удовлетворяет соотношению
$$\dfrac{df(x) \otimes g(x)}{dx} \circ a = \left(\dfrac{df(x)}{dx} \circ a\right) \otimes g(x) + f(x) \otimes \left(\dfrac{dg(x)}{dx} \circ a\right)$$
$$\dfrac{df(x) \otimes g(x)}{dx} = \dfrac{df(x)}{dx} \otimes g(x) + f(x) \otimes \dfrac{dg(x)}{dx}$$

Теорема 7.11. *Пусть A - банаховый D-модуль с нормой $\|a\|_A$. Пусть B - банаховая D-алгебра с нормой $\|b\|_B$. Если производная $\dfrac{df(x)}{dx}$ отображения*
$$f : A \to B$$
существует в точке x и имеет конечную норму, то отображение f непрерывно в точке x.

Теорема 7.12. *Пусть A - банаховый D-модуль с нормой $\|a\|_A$. Пусть B - банаховый D-модуль с нормой $\|b\|_B$. Пусть C - банаховый D-модуль с нормой $\|c\|_C$. Пусть отображение*

$$f : A \to B$$

дифференцируемо в точке x и норма производной отображения f конечна

(7.12) $$\left\|\frac{df(x)}{dx}\right\| = F \le \infty$$

Пусть отображение

$$g : B \to C$$

дифференцируемо в точке

(7.13) $$y = f(x)$$

и норма производной отображения g конечна

(7.14) $$\left\|\frac{dg(y)}{dy}\right\| = G \le \infty$$

Отображение[17]

$$(g \circ f)(x) = g(f(x))$$

дифференцируемо в точке x

(7.15) $$\begin{cases} \dfrac{d(g \circ f)(x)}{dx} = \dfrac{dg(f(x))}{df(x)} \circ \dfrac{df(x)}{dx} \\ \dfrac{d(g \circ f)(x)}{dx} \circ a = \dfrac{dg(f(x))}{df(x)} \circ \dfrac{df(x)}{dx} \circ a \end{cases}$$

8. Производная второго порядка отображения D-алгебры

Этот раздел написан на основе главы [6]-4.

Определение 8.1. *Полилинейное отображение*

(8.1) $$\frac{d^2 f(x)}{dx^2} \circ (a_1; a_2) = d_{x^2}^2 f(x) \circ (a_1; a_2) = \frac{d}{dx}\left(\frac{df(x)}{dx} \circ a_1\right) \circ a_2$$

называется **производной второго порядка** *отображения f.* □

---

[17] Запись $\dfrac{dg(f(x))}{df(x)}$ означает выражение

$$\partial_{f(x)} g(f(x)) = \partial_y g(y)|_{y=f(x)} = \left.\frac{\partial g(y)}{\partial y}\right|_{y=f(x)}$$

Аналогичное замечание верно для компонент производной.

8. Производная второго порядка отображения D-алгебры

Теорема 8.2. *Пусть A - свободный банаховый D-модуль. Пусть B - свободная ассоциативная банаховая D-алгебра. Пусть $\overline{\overline{F}}$ - базис левого $B \otimes B$-модуля $\mathcal{L}(D; A \to B)$. Мы можем представить производную второго порядка отображения f в виде*

$$\frac{d^2 f(x)}{dx^2} \circ (a_1; a_2) = \left(\frac{d_{s\cdot 0}^2 f(x)}{dx^2} \otimes \frac{d_{s\cdot 1}^2 f(x)}{dx^2} \otimes \frac{d_{s\cdot 2}^2 f(x)}{dx^2} \right) \circ (F_{1\cdot s}, F_{2\cdot s}) \circ \sigma_s \circ (a_1; a_2)$$

$$= \frac{d_{s\cdot 0}^2 f(x)}{dx^2} (F_{1\cdot s} \circ \sigma_s(a_1)) \frac{d_{s\cdot 1}^2 f(x)}{dx^2} (F_{2\cdot s} \circ \sigma_s(a_2)) \frac{d_{s\cdot 2}^2 f(x)}{dx^2}$$

Мы будем называть выражение

$$\frac{d_{s\cdot p}^2 f(x)}{dx^2} \quad p = 0, 1, 2$$

компонентой производной второго порядка *отображения $f(x)$.*

Определение 8.3. *По индукции, предполагая, что определена производная $\dfrac{d^{n-1} f(x)}{dx^{n-1}}$ порядка $n-1$, мы определим*

(8.2)
$$\frac{d^n f(x)}{dx^n} \circ (a_1; ...; a_n) = d_{x^n}^n f(x) \circ (a_1; ...; a_n)$$
$$= \frac{d}{dx} \left(\frac{d^{n-1} f(x)}{dx^{n-1}} \circ (a_1; ...; a_{n-1}) \right) \circ a_n$$

производную порядка n *отображения f.*

Мы будем также полагать $\dfrac{d^0 f(x)}{dx^0} = f(x)$. $\square$

Предположим, что функция $f(x)$ в точке x_0 дифференцируема до любого порядка.

Теорема 8.4. *Если для отображения $f(x)$ выполняется условие*

$$f(x_0) = \frac{df(x_0)}{dx} \circ h = ... = \frac{d^n f(x_0)}{dx^n} \circ h^n = 0$$

то при $t \to 0$ выражение $f(x + th)$ является бесконечно малой порядка выше n по сравнению с t

$$f(x_0 + th) = o(t^n)$$

Составим многочлен

$$p(x) = f(x_0) + \frac{1}{1!} \frac{df(x_0)}{dx} \circ (x - x_0) + ... + \frac{1}{n!} \frac{d^n f(x_0)}{dx^n} \circ (x - x_0)^n$$

Согласно теореме 8.4

$$f(x_0 + t(x - x_0)) - p(x_0 + t(x - x_0)) = o(t^n)$$

Следовательно, полином $p(x)$ является хорошей апроксимацией отображения $f(x)$.

Если отображение $f(x)$ имеет производную любого порядка, то переходя к пределу $n \to \infty$, мы получим разложение в ряд

$$f(x) = \sum_{n=0}^{\infty} (n!)^{-1} \frac{d^n f(x_0)}{dx^n} \circ (x - x_0)^n$$

который называется **рядом Тейлора**.

9. Интеграл Лебега

Этот раздел написан на основе главы [8]-5.

Пусть на множестве X определена σ-аддитивная мера μ. Пусть определено эффективное представление поля действительных чисел R в полной D-алгебре A.[18]

ОПРЕДЕЛЕНИЕ 9.1. *Пусть на множестве X определена σ-аддитивная мера μ. Отображение*

$$f : X \to A$$

в нормированную Ω-группу A называется **простым отображением**, *если это отображение μ-измеримо и принимает не более, чем счётное множество значений.* □

ТЕОРЕМА 9.2. *Пусть отображение*

$$f : X \to A$$

принимает не более, чем счётное множество значений y_1, y_2, ... Отображение f μ-измеримо тогда и только тогда, когда все множества

$$F_n = \{x \in X : f(x) = f_n\}$$

μ-измеримы.[19]

ОПРЕДЕЛЕНИЕ 9.3. *Для простого отображения*

$$f : X \to A$$

рассмотрим ряд

(9.1) $$\sum_n \mu(F_n) f_n$$

где

- *Множество $\{f_1, f_2, ...\}$ является областью определения отображения f*
- *Если $n \neq m$, то $f_n \neq f_m$*
- *$F_n = \{x \in X : f(x) = f_n\}$*

---

[18] Другими словами, D-алгебра A является R-векторным пространством.
[19] Смотри аналогичную теорему в [3], страница 292, теорема 1.

Простое отображение
$$f : X \to A$$
называется **интегрируемым** по множеству X, если ряд (9.1) сходится нормально.[20] Если отображение f интегрируемо, то сумма ряда (9.1) называется **интегралом Лебега** отображения f по множеству X

(9.2) $$\int_X d\mu(x) f(x) = \sum_n \mu(F_n) f_n$$

Определение 9.4. *μ-измеримое отображение*
$$f : X \to A$$
называется **интегрируемым** по множеству X,[21] если существует последовательность простых отображений
$$f_n : X \to A$$
сходящаяся равномерно к f. Если отображение f интегрируемо, то предел

(9.3) $$\int_X d\mu(x) f(x) = \lim_{n \to \infty} \int_X d\mu(x) f_n(x)$$

называется **интегралом Лебега** отображения f по множеству X.

10. Неопределённый интеграл

Этот раздел написан на основании раздела [6]-5.1.

Определение 10.1. *Пусть A - банаховый D-модуль. Пусть B - банаховая D-алгебра. Отображение*
$$g : A \to B \otimes B$$
называется **интегрируемым**, если существует отображение
$$f : A \to B$$
такое, что
$$\frac{df(x)}{dx} = g(x)$$
Тогда мы пользуемся записью
$$f(x) = \int g(x) \circ dx$$
и отображение f называется **неопределённым интегралом** отображения g.

---

[20] Смотри аналогичное определение в [3], определение 2, с. 293.
[21] Смотри также определение [3]-3, страницы 294, 295.

В этом разделе мы рассмотрим интегрирование, как операцию, обратную дифференцированию. По сути дела, мы рассмотрим процедуру решения обыкновенного дифференциального уравнения

$$\frac{df(x)}{dx} = g(x)$$

Пример 10.2. *Рассмотрим* **метод последовательного дифференцирования** *для решения дифференциального уравнения*

(10.1) $$y' = 3x^2$$

(10.2) $$x_0 = 0 \quad y_0 = C$$

над полем действительных чисел. Последовательно дифференцируя уравнение (10.1), *мы получаем цепочку уравнений*

(10.3) $$\begin{cases} y'' = 6x \\ y''' = 6 \\ y^{(n)} = 0 \quad n > 3 \end{cases}$$

Разложение в ряд Тейлора

$$y = x^3 + C$$

следует из уравнений (10.1), (10.2), (10.3). □

Теорема 10.3. *Пусть A - банахова алгебра над коммутативным кольцом D.*

(10.4) $$\int (1 \otimes x^2 + x \otimes x + x^2 \otimes 1) \circ dx = x^3 + C$$

(10.5) $$\int dx\, x^2 + x\, dx\, x + x^2\, dx = x^3 + C$$

где C - произвольное A-число.

Доказательство. Согласно определению 10.1, отображение y является интегралом (10.4), если отображение y удовлетворяет дифференциальному уравнению

(10.6) $$\frac{dy}{dx} = 1 \otimes x^2 + x \otimes x + x^2 \otimes 1$$

и начальному условию

(10.7) $$x_0 = 0 \quad y_0 = C$$

Мы воспользуемся методом последовательного дифференцирования, чтобы решить дифференциальное уравнение (10.6). Последовательно дифференцируя уравнение (10.6), мы получаем цепочку уравнений

$$\frac{d^2y}{dx^2} = 1 \otimes_1 1 \otimes_2 x + 1 \otimes_1 x \otimes_2 1 + 1 \otimes_2 1 \otimes_1 x \qquad (10.8)$$
$$+ x \otimes_1 1 \otimes_2 1 + 1 \otimes_2 x \otimes_1 1 + x \otimes_2 1 \otimes_1 1$$

$$\frac{d^3y}{dx^3} = 1 \otimes_1 1 \otimes_2 1 \otimes_3 1 + 1 \otimes_1 1 \otimes_3 1 \otimes_2 1 + 1 \otimes_2 1 \otimes_1 1 \otimes_3 1 \qquad (10.9)$$
$$+ 1 \otimes_3 1 \otimes_1 1 \otimes_2 1 + 1 \otimes_2 1 \otimes_3 1 \otimes_1 1 + 1 \otimes_3 1 \otimes_2 1 \otimes_1 1$$

$$\frac{d^n y}{dx^n} = 0 \quad n > 3 \qquad (10.10)$$

Разложение в ряд Тейлора
$$y = x^3 + C \qquad (10.11)$$

следует из уравнений (10.6), (10.7), (10.8), (10.9), (10.10). Равенство (10.4) является следствием (10.6), (10.7), (10.11). Согласно определению (5.5), мы можем записать интеграл (10.4) в виде (10.5). □

Замечание 10.4. *В доказательстве теоремы 10.3 я пользовался записью вида*

$$(a_1 \otimes_1 b_1 \otimes_2 c_1 + a_2 \otimes_2 b_2 \otimes_1 c_2) \circ (x_1, x_2) = a_1 x_1 b_1 x_2 c_1 + a_2 x_2 b_2 x_1 c_2$$

Я записываю следующие равенства для того, чтобы показать как работает производная.

$$\frac{dy}{dx} \circ h = hx^2 + xhx + x^2 h$$
$$\frac{d^2y}{dx^2} \circ (h_1; h_2) = h_1 h_2 x + h_1 x h_2 + h_2 h_1 x$$
$$+ x h_1 h_2 + h_2 x h_1 + x h_2 h_1$$
$$\frac{d^3y}{dx^3} \circ (h_1; h_2; h_3) = h_1 h_2 h_3 + h_1 h_3 h_2 + h_2 h_1 h_3$$
$$+ h_3 h_1 h_2 + h_2 h_3 h_1 + h_3 h_2 h_1$$

□

Замечание 10.5. *Дифференциальное уравнение*

$$\frac{dy}{dx} = 3 \otimes x^2 \qquad (10.12)$$

$$x_0 = 0 \quad y_0 = C$$

так же приводит к решению $y = x^3$. Очевидно, что отображение $y = x^3$ не удовлетворяет дифференциальному уравнению (10.12). *Это говорит о том, что дифференциальное уравнение* (10.12) *не имеет решений.*

Я советую обратить внимание на то, что вторая производная не является симметричным многочленом (смотри разложение Тейлора). □

11. Интеграл Лебега и неопределённый интеграл

Я рассмотрел интеграл Лебега в разделе 9 и неопределённый интеграл в разделе 10. Мы рассмотрим связь неопределённого интеграла и интеграла отображения поля действительных чисел в D-алгебру.

Теорема 11.1. *Пусть существует неопределённый интеграл*
$$f(x) = \int g(x) \circ dx$$
Для любого непрерывного спрямляемого пути
$$\gamma : [0,1] \subset R \to A$$
из a в x в D-модуле A

(11.1) $$\int_\gamma g(y) \circ dy = \int_0^1 dt \left(g(\gamma(t)) \circ \frac{d\gamma(t)}{dt} \right) = f(x) - f(a)$$

Определение 11.2. *Для любых A-чисел a, b, мы определим* **определённый интеграл** *с помощью равенства*
$$\int_a^b g(y) \circ dy = \int_\gamma g(y) \circ dy$$
для любого пути γ из a в b. □

12. Прямая сумма модулей

Определение 12.1. *Пусть $\mathcal{A}$ - категория. Пусть $\{B_i, i \in I\}$ - множество объектов из $\mathcal{A}$. Объект*
$$P = \coprod_{i \in I} B_i$$
и множество морфизмов
$$\{f_i : B_i \to P, i \in I\}$$
называется **копроизведением множества объектов** $\{B_i, i \in I\}$ **в категории** $\mathcal{A}$[22], *если для любого объекта R и множество морфизмов*
$$\{g_i : B_i \to R, i \in I\}$$
существует единственный морфизм
$$h : P \to R$$

---

[22] Определение дано согласно [1], страница 46.

такой, что диаграмма

$$P \xleftarrow{f_i} B_i \qquad h \circ f_i = g_i$$
$$h \downarrow \swarrow g_i$$
$$R$$

коммутативна для всех $i \in I$.

Если $|I| = n$, то для копроизведения множества объектов $\{B_i, i \in I\}$ в $\mathcal{A}$ мы так же будем пользоваться записью

$$P = \coprod_{i=1}^{n} B_i = B_1 \coprod \ldots \coprod B_n$$

□

Определение 12.2. *Копроизведение в категории абелевых групп* Ab *называется* **прямой суммой**.[23] *Мы будем пользоваться записью* $A \oplus B$ *для прямой суммы абелевых групп* A *и* B. □

Теорема 12.3. *Пусть* $\{A_i, i \in I\}$ *- семейство абелевых групп. Пусть*

$$A \subseteq \prod_{i \in I} A_i$$

такое множество, что $(x_i, i \in I) \in A$, *если* $x_i \neq 0$ *для конечного числа индексов* i. *Тогда*[24]

(12.1) $$A = \bigoplus_{i \in I} A_i$$

Теорема 12.4. *Прямая сумма абелевых групп* $A_1, \ldots, A_n$ *совпадает с их прямым произведением*

$$A_1 \oplus \ldots \oplus A_n = A_1 \times \ldots \times A_n$$

Доказательство. Теорема является следствием теоремы 12.3. □
Пусть

$$A = A_1 \oplus \ldots \oplus A_n$$

прямая сумма абелевых групп $A_1, \ldots, A_n$. Согласно доказательству теоремы 12.3, произвольное A-число a имеет вид $(a_1, \ldots, a_n)$ где $a_i \in A_i$. Мы также будем пользоваться записью

$$a = a_1 \oplus \ldots \oplus a_n$$

Теорема 12.5. *Пусть* $\{A_i, i \in I\}$ *- семейство D-модулей. Тогда представление*

$$D \longrightarrow \bigoplus_{i \in I} A_i \qquad d\left(\bigoplus_{i \in I} a_i\right) = \bigoplus_{i \in I} d a_i$$

---

[23] Определение дано согласно [1], страница 55.
[24] Смотри также предложение [1]-10, страница 55.

кольца D в прямой сумме абелевых групп
$$A = \bigoplus_{i \in I} A_i$$
является прямой суммой D-модулей
$$A = \bigoplus_{i \in I} A_i$$

Теорема 12.6. *Прямая сумма D-модулей A_1, ..., A_n совпадает с их прямым произведением*
$$A_1 \oplus ... \oplus A_n = A_1 \times ... \times A_n$$

Доказательство. Теорема является следствием теоремы 12.5. $\square$

Теорема 12.7. *Пусть A^1, ..., A^n - D-модули и*
$$A = A^1 \oplus ... \oplus A^n$$

Представим A-число
$$a = a^1 \oplus ... \oplus a^n$$
как вектор столбец
$$a = \begin{pmatrix} a^1 \\ ... \\ a^n \end{pmatrix}$$
Представим линейное отображение
$$f : A \to B$$
как вектор строку
$$f = \begin{pmatrix} f_1 & ... & f_n \end{pmatrix}$$
$$f_i : A^i \to B$$
Тогда значение отображения f в A-числе a можно представить как произведение матриц

$$(12.2) \qquad f \circ a = \begin{pmatrix} f_1 & ... & f_n \end{pmatrix} \circ \begin{pmatrix} a^1 \\ ... \\ a^n \end{pmatrix} = f_i \circ a^i$$

Теорема 12.8. *Пусть B^1, ..., B^m - D-модули и*
$$B = B^1 \oplus ... \oplus B^m$$

Представим B-число
$$b = b^1 \oplus ... \oplus b^m$$

как вектор столбец

$$b = \begin{pmatrix} b^1 \\ ... \\ b^m \end{pmatrix}$$

Тогда линейное отображение

$$f : A \to B$$

имеет представление как вектор столбец отображений

$$f = \begin{pmatrix} f^1 \\ ... \\ f^m \end{pmatrix}$$

таким образом, что если $b = f \circ a$, то

$$\begin{pmatrix} b^1 \\ ... \\ b^m \end{pmatrix} = \begin{pmatrix} f^1 \\ ... \\ f^m \end{pmatrix} \circ a = \begin{pmatrix} f^1 \circ a \\ ... \\ f^m \circ a \end{pmatrix}$$

Теорема 12.9. *Пусть $A^1, ..., A^n, \ B^1, ..., B^m$ - D-модули и*
$$A = A^1 \oplus ... \oplus A^n$$
$$B = B^1 \oplus ... \oplus B^m$$

Представим A-число
$$a = a^1 \oplus ... \oplus a^n$$

как вектор столбец

$$a = \begin{pmatrix} a^1 \\ ... \\ a^n \end{pmatrix}$$

Представим B-число
$$b = b^1 \oplus ... \oplus b^m$$

как вектор столбец

$$b = \begin{pmatrix} b^1 \\ ... \\ b^m \end{pmatrix}$$

Тогда линейное отображение f имеет представление как матрица отображений

$$f = \begin{pmatrix} f_1^1 & ... & f_n^1 \\ ... & ... & ... \\ f_1^m & ... & f_n^m \end{pmatrix}$$

таким образом, что если $b = f \circ a$, то

(12.3) $$\begin{pmatrix} b^1 \\ ... \\ b^m \end{pmatrix} = \begin{pmatrix} f_1^1 & ... & f_n^1 \\ ... & ... & ... \\ f_1^m & ... & f_n^m \end{pmatrix} \circ \begin{pmatrix} a^1 \\ ... \\ a^n \end{pmatrix} = \begin{pmatrix} f_i^1 \circ a^i \\ ... \\ f_i^m \circ a^i \end{pmatrix}$$

Отображение
$$f_j^i : A^j \to B^i$$
является линейным отображением и называется **частным линейным отображением**

Пусть $B^1, ..., B^m$ - D-алгебры. Тогда мы можем записать линейное отображение f_j^i с помощью $B^i \otimes B^i$-чисел.

13. Модуль над алгеброй

Прежде чем мы можем рассмотреть математический анализ нескольких переменных, мы должны рассмотреть модуль над алгеброй и его линейное отображение.

ОПРЕДЕЛЕНИЕ 13.1. *Эффективное левостороннее представление*

(13.1) $\qquad f : A \dashrightarrow V \quad f(a) : v \in V \to av \in V \quad a \in A$

ассоциативной D-алгебры A в D-модуле V называется **левым модулем над D-алгеброй A**. *Мы также будем говорить, что D-модуль V является* **левым A-модулем** *или* **$A*$-модулем**. *V-число называется* **вектором**. *Если A - алгебра с делением, то левый A-модуль называется* **левым векторным пространством** *над D-алгеброй A. Мы также будем говорить, что D-модуль V является* **левым A-векторным пространством** *или* **$A*$-векторным пространством**. $\square$

ОПРЕДЕЛЕНИЕ 13.2. *Эффективное правостороннее представление*

(13.2) $\qquad f : A \dashrightarrow V \quad f(a) : v \in V \to va \in V \quad a \in A$

ассоциативной D-алгебры A в D-модуле V называется **правым модулем над D-алгеброй A**. *Мы также будем говорить, что D-модуль V является* **правым A-модулем** *или* **$*A$-модулем**. *V-число называется* **вектором**. *Если A - алгебра с делением, то правый A-модуль называется* **правым векторным пространством** *над D-алгеброй A. Мы также будем говорить,* что D-модуль V является **правым A-векторным пространством** *или ∗A-векторным пространством*. □

Поскольку модуль является эффективным представлением в абелевой группе, то мы можем описать левый модуль над алгеброй с помощью диаграммы представлений

(13.3)
$$A \xrightarrow{g_{2,3}} A \xrightarrow{g_{3,4}} V \quad \begin{array}{l} g_{1,2}(d): a \to d\,a \\ g_{2,3}(v): w \to C(w,v) \\ C \in \mathcal{L}(A^2 \to A) \\ g_{3,4}(a): v \to v\,a \\ g_{1,4}(d): v \to d\,v \end{array}$$

и правый модуль над алгеброй с помощью диаграммы представлений

(13.4)
$$A \xrightarrow{g_{2,3}} A \xrightarrow{g_{3,4}} V \quad \begin{array}{l} g_{1,2}(d): a \to d\,a \\ g_{2,3}(v): w \to C(w,v) \\ C \in \mathcal{L}(A^2 \to A) \\ g_{3,4}(a): v \to v\,a \\ g_{1,4}(d): v \to v\,d \end{array}$$

Так как любое утверждение о левом A-модуле эквивалентно утверждению о правом A-модуле с точностью до порядка множителей, мы будем рассматривать левый A-модуль. Если D-алгебра A коммутативна, то опрделения левого A-модуля и правого A-модуля совпадают.

Теорема 13.3. *Пусть V является левым A-модулем. Для любого вектора $v \in V$, вектор, порождённый диаграммой представлений* (13.3), *имеет следующий вид*

(13.5) $$(a+n)v = av + nv \quad a \in A \quad n \in D$$

13.3.1: *Множество отображений*

(13.6) $$a + n : v \in V \to (a+n)v \in V$$

порождает[25] *D-алгебру $A_{(1)}$ где сложение определено равенством*

(13.7) $$(a+n) + (b+m) = (a+b) + (n+m)$$

и произведение определено равенством

(13.8) $$(a+n)(b+m) = (ab + ma + nb) + (nm)$$

D-алгебра $A_{(1)}$ называется **унитальным расширением** *D-алгебры A.*

---

[25] Смотри определение унитального расширения также на страницах [4]-52, [5]-64.

Если D-алгебра A имеет единицу, то	$D \subseteq A$	$A_{(1)} = A$
Если D-алгебра A является идеалом D, то	$A \subseteq D$	$A_{(1)} = D$
В противном случае		$A_{(1)} = A \oplus D$

13.3.2: *D-алгебра A является левым идеалом D-алгебры $A_{(1)}$.*

13.3.3: *Множество преобразований (13.5) порождает левостороннее представление D-алгебры $A_{(1)}$ в абелевой группе V.*

Мы будем пользоваться обозначением $A_{(1)}v$ для множества векторов, порождённых вектором v. Элементы левого A-модуля V удовлетворяют соотношениям

- **закон ассоциативности**

$$(13.9) \qquad (pq)v = p(qv)$$

- **закон дистрибутивности**

$$(13.10) \qquad p(v + w) = pv + pw$$
$$(13.11) \qquad (p + q)v = pv + qv$$

- **закон унитарности**

$$(13.12) \qquad 1v = v$$

для любых $p, q \in A_{(1)}$, $v, w \in V$.

ТЕОРЕМА 13.4. *Пусть V - левый A-модуль. Множество векторов, порождённое множеством векторов $v = (v_i \in V, i \in I)$, имеет вид*[26]

$$(13.13) \qquad J(v) = \left\{ w : w = \sum_{i \in I} c^i v_i, c^i \in A_{(1)}, |\{i : c^i \neq 0\}| < \infty \right\}$$

ОПРЕДЕЛЕНИЕ 13.5. *Пусть $v = (v_i \in V, i \in I)$ - множество векторов. Выражение $w^i v_i$ называется **линейной комбинацией** векторов v_i. Вектор $\overline{w} = w^i v_i$ называется **линейно зависимым** от векторов v_i.* □

Представим множество $A_{(1)}$-чисел w^i, $i \in I$, в виде матрицы

$$w = \begin{pmatrix} w^1 \\ \dots \\ w^n \end{pmatrix}$$

Представим множество векторов v_i, $i \in I$, в виде матрицы

$$v = \begin{pmatrix} v_1 & \dots & v_n \end{pmatrix}$$

---

[26] Для множества A, мы обозначим $|A|$ мощность множества A. Запись $|A| < \infty$ означает, что множество A конечно.

Тогда мы можем записать линейную комбинацию векторов $\overline{w} = w^i v_i$ в виде
$$\overline{w} = w^*{}_* v$$

Очевидно, что для любого множества векторов v_i,
$$w^i = 0 \Rightarrow w^*{}_* v = 0$$

Определение 13.6. *Множество векторов[27] v_i, $i \in I$, левого A-модуля V* **линейно независимо**, *если $w = 0$ следует из уравнения*
$$w^i v_i = 0$$
В противном случае, множество векторов v_i, $i \in I$, **линейно зависимо**. □

Определение 13.7. *$J(v)$ называется* **подмодулем, порождённым множеством** *v, а v -* **множеством образующих** *подмодуля $J(v)$. В частности,* **множеством образующих** *левого D-модуля V будет такое подмножество $X \subset V$, что $J(X) = V$.* □

Определение 13.8. *Если множество $X \subset V$ является множеством образующих левого D-модуля V, то любое множество Y, $X \subset Y \subset V$ также является множеством образующих левого D-модуля V. Если существует минимальное множество X, порождающее левый D-модуль V, то такое множество X называется* **базисом левого** *D-модуля V.* □

Теорема 13.9. *Множество векторов $\overline{\overline{e}} = (e_i, i \in I)$ является базисом левого A-модуля V, если верны следующие утверждения.*

13.9.1: *Произвольный вектор $v \in V$ является линейной комбинацией векторов множества $\overline{\overline{e}}$.*

13.9.2: *Вектор e_i нельзя представить в виде линейной комбинации остальных векторов множества $\overline{\overline{e}}$.*

Определение 13.10. *Пусть $\overline{\overline{e}}$ - базис левого A-модуля V, и вектор $\overline{v} \in V$ имеет разложение*
$$\overline{v} = v^*{}_* e = v^i e_i$$
относительно базиса $\overline{\overline{e}}$. $A_{(1)}$-числа v^i называются **координатами** *вектора $\overline{v}$ относительно базиса $\overline{\overline{e}}$. Матрица $A_{(1)}$-чисел $v = (v^i, i \in I)$ называется* **координатной матрицей вектора** *$\overline{v}$ в базисе $\overline{\overline{e}}$.* □

Теорема 13.11. *Пусть A - ассоциативная D-алгебра. Пусть $\overline{\overline{e}}$ - базис левого A-модуля V. Пусть*

(13.14) $$w^i e_i = 0$$

линейная зависимость векторов базиса $\overline{\overline{e}}$. Тогда

13.11.1: *$A_{(1)}$-число w^i, $i \in I$, не имеет обратного элемента в D-алгебре $A_{(1)}$.*

---

[27] Я следую определению в [1], страница 100.

13.11.2: *Множество A' матриц $w = (w^i, i \in I)$ порождает левый A-модуль.*

Теорема 13.12. *Пусть левый A-модуль V имеет базис $\overline{\overline{e}}$ такой, что в равенстве*

(13.15)
$$w^i e_i = 0$$

существует индекс $i = j$ такой, что $w^j \ne 0$. Тогда

13.12.1: *Матрица $w = (w^i, i \in I)$ определяет координаты вектора $0 \in V$ относительно базиса $\overline{\overline{e}}$.*
13.12.2: *Координаты вектора $\overline{v}$ относительно базиса $\overline{\overline{e}}$ определены однозначно с точностью до выбора координат вектора $0 \in V$.*

Определение 13.13. *Левый A-модуль V -* **свободный левый A-модуль**,[28] *если левый A-модуль V имеет базис и векторы базиса линейно независимы.* □

Теорема 13.14. *Координаты вектора $v \in V$ относительно базиса $\overline{\overline{e}}$ свободного левого A-модуля V определены однозначно.*

14. Линейное отображение A-модуля

Определение 14.1. *Пусть A_i, $i = 1, 2$, - алгебра над коммутативным кольцом D_i. Пусть V_i, $i = 1, 2$, - $A_i{}^*{}_*$- модуль. Морфизм диаграммы представлений*

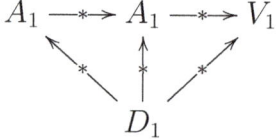

в диаграмму представлений

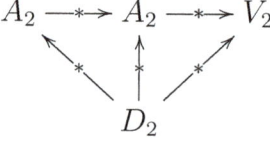

называется **гомоморфизмом** $A_1{}^*{}_*$*- модуля V_1 в $A_2{}^*{}_*$*- модуля V_2. Обозначим* $\mathrm{Hom}(D_1 \to D_2; A_1{}^*{}_* \to A_2{}^*{}_*; V_1 \to V_2)$ *множество гомоморфизмов $A_1{}^*{}_*$- модуля V_1 в $A_2{}^*{}_*$- модуля V_2.* □

Поскольку произведение в D-алгебре A вообще говоря некоммутативно, то множество морфизмов диаграммы представлений (13.3) крайне мало. Однако из диаграммы представлений (13.3), следует, что определенно эффективное представление коммутативного кольца D в абелевой группе V. Таким образом, в абелевой группе V определены структура D-модуля и структура левого A-модуля.

---

[28] Я следую определению в [1], страница 103.

В этой статье, я не буду задерживаться на деталях, так как меня интересует общая картина. Я полагаю, что D-алгебра A не имеет делителей нуля. Я буду изучать линейное отображение D-модуля V, однако я буду рассматривать V как левый A-модуль.

Определение 14.2. *Пусть A_i, $i = 1, 2$, - алгебра над коммутативным кольцом D_i. Пусть V_i, $i = 1, 2$, - $A_i{}^*{}_*$- модуль. Морфизм диаграммы представлений*

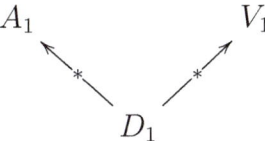

в диаграмму представлений

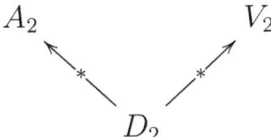

называется **линейным отображением** *$A_1{}^*{}_*$- модуля V_1 в $A_2{}^*{}_*$- модуль V_2. Обозначим $\mathcal{L}(D_1 \to D_2; A_1{}^*{}_* \to A_2{}^*{}_*; V_1 \to V_2)$ множество линейных отображений $A_1{}^*{}_*$- модуля V_1 в $A_2{}^*{}_*$- модуль V_2.* □

Теорема 14.3. *Линейное отображение*
$$\left(h : D_1 \to D_2 \quad g : A_1 \to A_2 \quad f : V_1 \to V_2\right)$$
левого A_1-модуля V_1 в левый A_2-модуль V_2 удовлетворяет равенствам[29]

(14.1) $$h(d_1 + d_2) = h(d_1) + h(d_2)$$

(14.2) $$h(d_1 d_2) = h(d_1) h(d_2)$$

(14.3) $$g \circ (a + b) = g \circ a + g \circ b$$

(14.4) $$g \circ (da) = h(d)(g \circ a)$$

(14.5) $$f \circ (u + v) = f \circ u + f \circ v$$

(14.6) $$f \circ (du) = h(d)(f \circ u)$$

$$u, v \in V_1 \quad a, b \in A_1 \quad d, d_1, d_2 \in D_1$$

---

[29] В некоторых книгах (например, на странице [1]-94) теорема 14.3 рассматривается как определение.

Теорема 14.4. *Пусть*
$$\overline{\overline{e}}_{A_1} = (e_{A_1 \cdot i}, i \in I)$$
базис в свободном D_1-модуле A_1. Пусть
$$\overline{\overline{e}}_{A_2} = (e_{A_2 \cdot j}, j \in J)$$
базис в свободном D_2-модуле A_2. Пусть
$$\overline{\overline{e}}_{V_1} = (e_{V_1 \cdot k}, k \in K)$$
базис в свободном левом A_1-модуле V_1. Пусть
$$\overline{\overline{e}}_{V_2} = (e_{V_2 \cdot l}, l \in L)$$
базис в свободном левом A_2-модуле V_2. Тогда линейное отображение
$$\left(h : D_1 \to D_2 \quad \overline{g} : A_1 \to A_2 \quad \overline{f} : V_1 \to V_2 \right)$$
имеет представление

(14.7) $$b = (h \circ a)^*_* g$$

(14.8) $$f \circ (v^*_* e_V) = (f^j_i \circ g \circ v^i) \, e_{W \cdot j}$$

(14.9) $$w = f_\circ^\circ (g \circ v)$$

относительно заданных базисов. Здесь

- a - координатная матрица A_1-числа $\overline{a}$ относительно базиса $\overline{\overline{e}}_{A_1}$

(14.10) $$\overline{a} = a^*_* e_{A_1}$$

- $h \circ a = (h \circ a_i, i \in I)$ - матрица D_2-чисел.
- b - координатная матрица вектора

(14.11) $$\overline{b} = \overline{g} \circ \overline{a}$$

относительно базиса $\overline{\overline{e}}_{A_2}$

(14.12) $$\overline{b} = b^*_* e_{A_2}$$

- g - координатная матрица множества векторов $(\overline{g} \circ e_{A_1 \cdot i}, i \in I)$ относительно базиса $\overline{\overline{e}}_{A_2}$. Мы будем называть матрицу g **матрицей линейного отображения** $\overline{g}$ относительно базисов $\overline{\overline{e}}_{A_1}$ и $\overline{\overline{e}}_{A_2}$.
- v - координатная матрица V_1-числа $\overline{v}$ относительно базиса $\overline{\overline{e}}_{V_1}$

(14.13) $$\overline{v} = v^*_* e_{V_1}$$

- $g \circ v = (g \circ v_k, k \in K)$ - матрица A_2-чисел.
- w - координатная матрица вектора

(14.14) $$\overline{w} = \overline{f} \circ \overline{v}$$

относительно базиса $\overline{\overline{e}}_{V_2}$

(14.15) $$\overline{w} = w^*_* e_{V_2}$$

- f - координатная матрица множества векторов $(\overline{f}\circ e_{V_1\cdot k}, k\in K)$ относительно базиса $\overline{\overline{e}}_{V_2}$. Мы будем называть матрицу f **матрицей линейного отображения** $\overline{f}$ относительно базисов $\overline{\overline{e}}_{V_1}$ и $\overline{\overline{e}}_{V_2}$.

Отображение
$$f^i_j : A_2(g\circ e_{V_1\cdot j}) \to A_2 e_i$$
является линейным отображением и называется **частным линейным отображением**.

Доказательство. Равенство (14.7) является следствием теоремы 3.3. A_1-модуль V_1 является прямой суммой
$$V_1 = \bigoplus_{k\in K} A_1 e_{V_1\cdot k}$$

A_2-модуль V_2 является прямой суммой
$$V_2 = \bigoplus_{l\in L} A_2 e_{V_2\cdot l}$$

Равенство (14.9) является следствием теоремы 12.9. $\square$

Теорема 14.5. *Пусть*
$$\overline{\overline{e}}_{A_1} = (e_{A_1\cdot i}, i\in I)$$
базис в свободном D_1-модуле A_1. Пусть
$$\overline{\overline{e}}_{A_2} = (e_{A_2\cdot j}, j\in J)$$
базис в свободном D_2-модуле A_2. Пусть
$$\overline{\overline{e}}_{V_1} = (e_{V_1\cdot k}, k\in K)$$
базис в свободном правом A_1-модуле V_1. Пусть
$$\overline{\overline{e}}_{V_2} = (e_{V_2\cdot l}, l\in L)$$
базис в свободном правом A_2-модуле V_2. Тогда линейное отображение
$$\left(h: D_1\to D_2\quad \overline{g}: A_1\to A_2\quad \overline{f}: V_1\to V_2\right)$$
имеет представление

(14.16) $$b = (h\circ a)^*{}_* g$$

(14.17) $$f\circ (e_{V*}{}^* v) = e_{W\cdot j}(f^j_i\circ g\circ v^i)$$

(14.18) $$w = f_\circ{}^\circ(g\circ v)$$

относительно заданных базисов. Здесь

- a - координатная матрица A_1-числа $\overline{a}$ относительно базиса $\overline{\overline{e}}_{A_1}$

(14.19) $$\overline{a} = a^*{}_* e_{A_1}$$

- $h\circ a = (h\circ a_i, i\in I)$ - матрица D_2-чисел.

- b - координатная матрица вектора

(14.20) $$\overline{b} = \overline{g} \circ \overline{a}$$

относительно базиса $\overline{\overline{e}}_{A_2}$

(14.21) $$\overline{b} = b^*{}_* e_{A_2}$$

- g - координатная матрица множества векторов $(\overline{g} \circ e_{A_1 \cdot i}, i \in I)$ относительно базиса $\overline{\overline{e}}_{A_2}$. Мы будем называть матрицу g **матрицей линейного отображения** $\overline{g}$ относительно базисов $\overline{\overline{e}}_{A_1}$ и $\overline{\overline{e}}_{A_2}$.
- v - координатная матрица V_1-числа $\overline{v}$ относительно базиса $\overline{\overline{e}}_{V_1}$

(14.22) $$\overline{v} = e_{V_1 *}{}^* v$$

- $g \circ v = (g \circ v_k, k \in K)$ - матрица A_2-чисел.
- w - координатная матрица вектора

(14.23) $$\overline{w} = \overline{f} \circ \overline{v}$$

относительно базиса $\overline{\overline{e}}_{V_2}$

(14.24) $$\overline{w} = e_{V_2 *}{}^* w$$

- f - координатная матрица множества векторов $(\overline{f} \circ e_{V_1 \cdot k}, k \in K)$ относительно базиса $\overline{\overline{e}}_{V_2}$. Мы будем называть матрицу f **матрицей линейного отображения** $\overline{f}$ относительно базисов $\overline{\overline{e}}_{V_1}$ и $\overline{\overline{e}}_{V_2}$.

Отображение
$$f^i_j : (g \circ e_{V_1 \cdot j}) A_2 \to e_i A_2$$
является линейным отображением и называется **частным линейным отображением**.

Я хочу обратить внимание на крайне необычное, но крайне важное совпадение равенств (14.9) и (14.18).

15. Дифференцируемые отображения A-векторного пространства

Определение 15.1. *Пусть V - банаховый A-модуль с нормой $\|a\|_V$. Пусть W - банаховый A-модуль с нормой $\|a\|_W$. Отображение*
$$f : V \to W$$
называется **дифференцируемым** *на множестве $U \subset V$, если в каждой точке $x \in U$ изменение отображения f может быть представлено в виде*

(15.1) $$f(x+h) - f(x) = d_x f(x) \circ h + o(h) = \frac{df(x)}{dx} \circ h + o(h)$$

где
$$\frac{df(x)}{dx} : V \to W$$

линейное отображение A-модуля V в A-модуль W и
$$o : V \to W$$
такое непрерывное отображение, что
$$\lim_{a \to 0} \frac{\|o(a)\|_W}{\|a\|_V} = 0$$
Линейное отображение $\dfrac{df(x)}{dx}$ называется **производной отображения** f.
□

Замечание 15.2. *Согласно определению 15.1 при заданном x, производная*
$$\frac{df(x)}{dx} \in \mathcal{L}(A; V \to W)$$
Следовательно, производная отображения f является дифференциальной W-значной 1-формой
$$\frac{df}{dx} : x \in V \to \frac{df(x)}{dx} \in \mathcal{L}(A; V \to W)$$
□

Замечание 15.3. *В математическом анализе, отображение*
$$dx = \delta \in \mathcal{L}(A; V \to V)$$
называется **дифференциалом независимой переменной**. *Дифференциальная W-значная 1-форма*
$$\frac{df}{dx} : x \in V \to \frac{df(x)}{dx} \in \mathcal{L}(A; V \to W)$$
записанная в виде

(15.2) $$df = \frac{df(x)}{dx} \circ dx$$

называется **дифференциалом отображения** f. *Впрочем равенство (15.2) имеет другую интерпретацию. А именно, мы рассматриваем приращение df отображения f как функцию (15.2) приращения dx независимой переменной.*
□

Теорема 15.4. *Пусть*
$$\overline{\overline{e}}_V = (e_{V \cdot k}, k \in K)$$
базис в свободном левом A-модуле V. Пусть
$$\overline{\overline{e}}_W = (e_{W \cdot l}, l \in L)$$
базис в свободном левом A-модуле W. Тогда производная отображения
$$f : V \to W$$

имеет представление

$$df^k = \frac{\partial f^k}{\partial x^l} \circ dx^l$$

$$\frac{df}{dx} \circ \overline{dx} = \left(\frac{\partial f}{\partial x} \circ dx\right)^*{}_* e_W$$

относительно заданных базисов. **Матрица Якоби отображения** f *имеет вид*

$$\frac{\partial f}{\partial x} = \left(\frac{\partial f^k}{\partial x^l}, k \in K, l \in L\right)$$

где **частная производная** $\dfrac{\partial f^k}{\partial x^l}$ *- это производная отображения f^k по переменной x^l при условии, что остальные переменные заданы.*

Пусть

$$\overline{\overline{e}}_V = (e_{V \cdot 1}, ..., e_{V \cdot n})$$

базис в свободном $A*$-модуле V. Представим V-число

$$\overline{dx} = dx^*{}_* e_V$$

как вектор столбец

$$dx = \begin{pmatrix} dx^1 \\ ... \\ dx^n \end{pmatrix}$$

Пусть

$$\overline{\overline{e}}_W = (e_{W \cdot 1}, ..., e_{W \cdot m})$$

базис в свободном $A*$-модуле W. Тогда производная отображения

$$f : V \to W$$

имеет представление

$$\frac{df}{dx} \circ dx = \left(\begin{pmatrix} \dfrac{\partial f^1}{\partial x^1} & ... & \dfrac{\partial f^1}{\partial x^n} \\ ... & ... & ... \\ \dfrac{\partial f^m}{\partial x^1} & ... & \dfrac{\partial f^m}{\partial x^n} \end{pmatrix} \circ \begin{pmatrix} dx^1 \\ ... \\ dx^n \end{pmatrix}\right)^*{}_* \begin{pmatrix} e_{W \cdot 1} & ... & e_{W \cdot m} \end{pmatrix}$$

$$= \begin{pmatrix} \dfrac{\partial f^1}{\partial x^k} \circ dx^k \\ ... \\ \dfrac{\partial f^m}{\partial x^k} \circ dx^k \end{pmatrix}^*{}_* \begin{pmatrix} e_{W \cdot 1} & ... & e_{W \cdot m} \end{pmatrix}$$

относительно заданных базисов.

Пример 15.5. *Мы можем записать производную отображения*
$$u = x^2 + yz - zy$$
$$v = xy + zx$$
следующим образом

(15.3)
$$\begin{pmatrix} du \\ dv \end{pmatrix} = \begin{pmatrix} x \otimes 1 + 1 \otimes x & 1 \otimes z - z \otimes 1 & y \otimes 1 - 1 \otimes y \\ 1 \otimes y + z \otimes 1 & x \otimes 1 & 1 \otimes x \end{pmatrix} \circ \begin{pmatrix} dx \\ dy \\ dz \end{pmatrix}$$
$$= \begin{pmatrix} x\,dx + dx\,x + dy\,z - z\,dy + y\,dz - dz\,y \\ dx\,y + z\,dx + x\,dy + dz\,x \end{pmatrix}$$

Непосредственная оценка приращения имеет вид

(15.4)
$$\begin{aligned} du &= (x+dx)^2 + (y+dy)(z+dz) - (z+dz)(y+dy) - x^2 - yz + zy \\ &= x^2 + x\,dx + dx\,x + yz + y\,dz + dy\,z - zy - z\,dy - dz\,y \\ &\quad - x^2 - yz + zy \\ &= x\,dx + dx\,x + y\,dz + dy\,z - z\,dy - dz\,y \end{aligned}$$

(15.5)
$$\begin{aligned} dv &= (x+dx)(y+dy) + (z+dz)(x+dx) - xy - zx \\ &= xy + x\,dy + dx\,y + zx + z\,dx + dz\,x - xy - zx \\ &= x\,dy + dx\,y + z\,dx + dz\,x \end{aligned}$$

Нетрудно убедиться, что выражения (15.4), (15.5) *и выражения* (15.3) *совпадают.* □

Список литературы

[1] Серж Ленг, Алгебра, М. Мир, 1968

[2] Г. Е. Шилов. Математический анализ, Функции одного переменного, часть 3, М., Наука, 1970

[3] А. Н. Колмогоров, С. В. Фомин. Элементы теории функций и функционального анализа. М., Наука, 1976

[4] Kevin McCrimmon; A Taste of Jordan Algebras;
Springer, 2004

[5] В. В. Жаринов, Алгебро-геометрические основы математической физики,
Лекционные курсы научно-образовательного центра, 9, МИАН,
М., 2008

[6] Александр Клейн.
Математический анализ отображений одной переменной: Некоммутативная банахова алгебра.
CreateSpace Independent Publishing Platform, 2017;
ISBN-13: 978-1497563681

[7] Александр Клейн.
Представление универсальной алгебры: Полиморфизм.
CreateSpace Independent Publishing Platform, 2015;
ISBN-13: 978-1511464949

[8] Александр Клейн.
Интеграл Лебега в абелевой Ω-группе.
CreateSpace Independent Publishing Platform, 2016;
ISBN-13: 978-1541099845

[9] John C. Baez, The Octonions,
eprint arXiv:math.RA/0105155 (2002)

[10] Н. Бурбаки, Общая топология. Использование вещественных чисел в общей топологии.
перевод с французского С. Н. Крачковского под редакцией Д. А. Райкова,
М. Наука, 1975

[11] Richard D. Schafer, An Introduction to Nonassociative Algebras, Dover Publications, Inc., New York, 1995

[12] Sir William Rowan Hamilton, Elements of Quaternions, Volume I, Longmans, Green, and Co., London, New York, and Bombay, 1899

Предметный указатель

∗A-векторное пространство 31

A∗-модуль 30
A∗-векторное пространство 30

D-алгебра 11
D-модуль 4

абсолютная величина 16
алгебра над кольцом 11

базис модуля 6, 33
банахова D-алгебра 16
банаховый D-модуль 15

вектор 4, 30, 30

гомоморфизм 34

дифференциал независимой переменной 17, 39
дифференциал отображения 17, 39
дифференцируемое отображение 16, 38

закон ассоциативности 5, 32
закон дистрибутивности 5, 32
закон унитарности 5, 32

интеграл Лебега 23, 23
интегрируемое отображение 23, 23, 23

коммутативность представлений 4
компонента линейного отображения 13
компонента производной 18
компонента производной второго порядка 21
координатная матрица вектора 7, 33
координаты 7, 18, 33
копроизведение в категории 26

левое A-векторное пространство 30
левое векторное пространство 30
левый A-модуль 30
левый модуль 30

линейная комбинация 5, 32
линейно зависимое множество 6, 33
линейно зависимый 5, 32
линейно независимое множество 6, 33
линейное отображение 7, 9, 11, 35

матрица линейного отображения 8, 9, 36, 37, 38, 38
матрица Якоби отображения 40
метод последовательного дифференцирования 24
множество образующих 6, 6, 33, 33
модуль над кольцом 4

неопределённый интеграл 23
норма в D-алгебре 16
норма в D-модуле 14
норма отображения 15, 15
нормированная D-алгебра 16
нормированный D-модуль 14

определённый интеграл 26

подмодуль, порождённым множеством 6, 33
последовательность Коши 14
последовательность сходится 14
правое A-векторное пространство 31
правое векторное пространство 30
правый модуль 30
предел последовательности 14
произведение в категории 10
производная второго порядка 20
производная отображения 17, 39
производная порядка n 21
простое отображение 22
прямая сумма 27

свободная алгебра над кольцом 11
свободный модуль 7, 34
стандартная компонента линейного отображения 13

тензорное произведение 11

унитальное расширение 5, 31

фундаментальная последовательность
    14

частная производная 40
частное линейное отображение 30, 37, 38

эквивалентные нормы 15

Специальные символы и обозначения

$A \oplus B$ прямая сумма   27

$w^i v_i$ линейная комбинация   5, 32

$w^*_* v$ линейная комбинация   5, 32

$\|a\|$ норма в D-модуле   14

$A_{(1)} v$ множество векторов, порождённых вектором v 32

$B_1 \coprod ... \coprod B_n$ копроизведение в категории   27

$B_1 \times ... \times B_n$ произведение в категории   10

$\dfrac{d^k_{s_k \cdot p} f(x)}{dx}$ компонента производной отображения $f(x)$ 18

$\dfrac{d^2_{s \cdot p} f(x)}{dx^2}$ компонента производной второго порядка отображения $f(x)$ 21

$\dfrac{df(x)}{dx}$ производная отображения f 16, 38

$d_x f(x)$ производная отображения f 16, 38

$\dfrac{d^n f(x)}{dx^n}$ производная порядка n 21

$d^n_{x^n} f(x)$ производная порядка n 21

$\dfrac{d^2 f(x)}{dx^2}$ производная второго порядка   20

$d^2_{x^2} f(x)$ производная второго порядка   20

dx дифференциал независимой переменной   17, 17, 39, 39

df дифференциал отображения f 17, 39

$\dfrac{\partial f}{\partial x}$ матрица Якоби отображения   40

$\dfrac{\partial f^k}{\partial x^l}$ частная производная   40

$D_{(1)} v$ множество векторов, порождённых вектором v 5

$\overline{\overline{e}} = (e_i, i \in I)$ базис модуля   6, 33

$f^k_{s_k \cdot p}$ компонента линейного отображения f тела   13

$\|f\|$ норма отображения   15, 15

$\displaystyle\int g(x) \circ dx$ неопределённый интеграл   23

$\displaystyle\lim_{n \to \infty} a_n$ предел последовательности   14

$w^i v_i$ линейная комбинация   5, 32

$w^*_* v$ линейная комбинация   5, 32

$\mathcal{L}(D_1 \to D_2; A_1 \to A_2)$ множество линейных отображений   7

$\mathcal{L}(D; A_1 \to A_2)$ множество линейных отображений   9, 11

$\mathcal{L}(D_1 \to D_2; A_1{}^*_* \to A_2{}^*_*; V_1 \to V_2)$ множество линейных отображений   35

$A_1 \otimes ... \otimes A_n$ тензорное произведение   11

$\displaystyle\int_X d\mu(x) f(x)$ интеграл Лебега   23, 23

$\displaystyle\int_a^b g(y) \circ dy$ определённый интеграл   26

$\displaystyle\coprod_{i \in I} B_i$ копроизведение в категории   26

$\displaystyle\coprod_{i=1}^n B_i$ копроизведение в категории   27

$\displaystyle\prod_{i \in I} B_i$ произведение в категории   10

$\displaystyle\prod_{i=1}^n B_i$ произведение в категории   10

www.ingramcontent.com/pod-product-compliance
Lightning Source LLC
Chambersburg PA
CBHW040411220526
45473CB00004B/1199